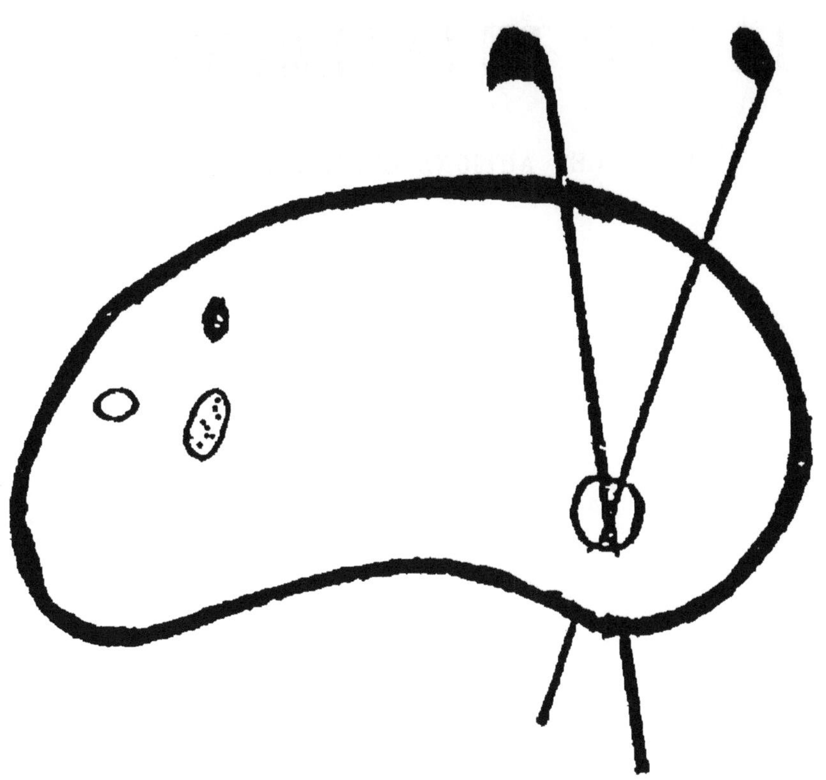

DEBUT D'UNE SERIE DE DOCUMENTS
EN COULEUR

ÉTUDE

SUR

LA PART DE LA LUMIÈRE

DANS LES ACTIONS CHIMIQUES

PAR

P. CHASTAING

Docteur Es-Sciences
Pharmacien des Hôpitaux.

———✧———

PARIS — 1878

Paris.—Imp. Gauthier-Villars, quai des Grands-Augustins, 55.

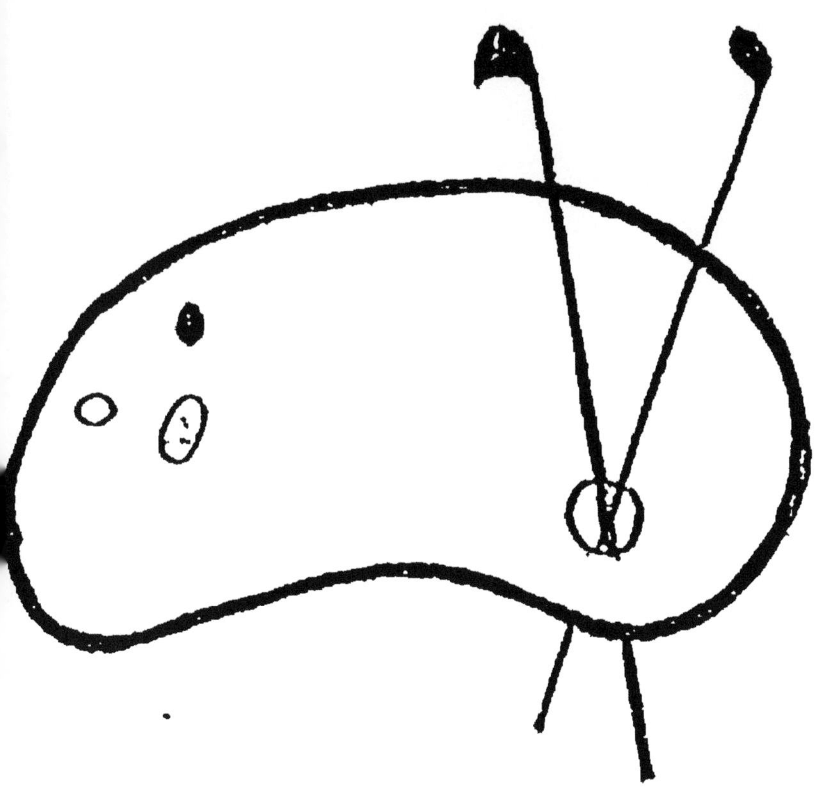

FIN D'UNE SERIE DE DOCUMENTS
EN COULEUR

ÉTUDE

LA PART DE LA LUMIÈRE

DANS LES ACTIONS CHIMIQUES

PAR

P. CHASTAING

Docteur Es-Sciences
Pharmacien des Hôpitaux.

———◦◆◦———

PARIS — 1878

ÉTUDE

SUR

LA PART DE LA LUMIÈRE

DANS LES ACTIONS CHIMIQUES

INTRODUCTION

Quand la lumière frappe une substance elle est partiellement diffusée, partiellement transmise et partiellement absorbée ; à la partie absorbée répond un effet mécanique, c'est-à-dire soit une production de chaleur, soit un changement moléculaire, soit une action chimique proprement dite. On connaît depuis longtemps un nombre considérable d'effets de ce genre ; mais on doit reconnaître qu'on n'a point réussi à relier entre eux ces différents résultats. Les recherches chimiques que j'expose sont loin de répondre à ce désidératum ; je m'estimerai cependant heureux si elles jettent un peu de jour sur cette importante question.

Le choix de ce sujet m'a été dicté par une étude antérieure publiée aux *Annales de Chimie et de Physique*, 5ᵉ série, tome XI, juin 1877, et le travail actuel est la suite de ce premier mémoire. Cette étude a été commencée en 1873, à la Sorbonne, au laboratoire de M. Jamin, et en présence de mes premiers résultats, j'ai considéré comme un devoir de la continuer.

En juin 1877 j'avais divisé la première partie de ces recherches en trois sous chapitres (1), l'un comprenant l'action de la lumière sur les corps métalloïdiques et métalliques; le second sur les corps organiques; le troisième sur le mélange des premiers et des seconds. Aujourd'hui à ce mot vague de corps organiques je substitue celui de corps carbonés.

La première courbe que j'ai admise pour les corps métalloïdiques et métalliques (2), courbe qui indique du côté du jaune et du rouge des propriétés chimiques inverses de celles constatées du côté du violet, est confirmée par mes nouvelles expériences; la seconde courbe (3), qui indique dans le plus grand nombre de cas une oxydation dans toutes les radiations reste applicable aux corps carbonés. Je ferai remarquer que les carbonates en général ne sont point à ranger dans cette série; les actions photochimiques produites sur eux étant de celles qui s'exercent uniquement sur la base.

Je conserverai donc la division à laquelle je m'étais arrêté dans le premier travail, en me contentant de substituer aux mots corps organiques les mots corps carbonés.

Dans la seconde partie de mon *Mémoire* de juin 1877, j'ai étudié certaines actions chimiques qui accompagnent la fluorescence, j'apporte aujourd'hui

(1) *An. de ch. et de phy.* 5⁎ série T. XI. Introduction p. 145.
(2) *An. de ch. et de phy.* Loc. cit. p. 177.
(3) *An. de ch. et de phy.* Loc. cit. p. 198.

un nouvel exemple qui concorde avec ce que j'avais déjà constaté.

Je terminerai par l'application à la Pharmacie de ces données générales acquises sur des composés chimiques quelconques.

CONSIDÉRATIONS GÉNÉRALES

On est naturellement porté à rapprocher les actions photochimiques de celles produites par la chaleur, mais quelques exemples suffiront pour prouver qu'il faut se garder, étant donné ce que l'on sait actuellement, de faire un rapprochement trop complet. Que la lumière produise certaines actions semblables à celles produites par la chaleur le fait n'est pas douteux ; mais il suffit de remarquer que dans le cas de la décomposition du chlorure d'argent, décomposition qui répond à une absorption de chaleur, les radiations qui produisent cet effet sont les radiations les plus réfrangibles, tandis que les autres n'agissent point ; on verra, de plus, dans la suite de ce travail, que les rayons rouges sont incapables de produire avec les hypochlorites la transformation que détermine la chaleur, tandis que les rayons violets agissent efficacement.

Je n'avance donc pas qu'il n'y ait point de rapport à établir entre les actions de la lumière et de la chaleur, je crois au contraire que là est le point capital ; je pense qu'on doit tenir compte de la perte d'énergie qu'éprouvent les corps au moment où ils

se combinent (c'est-à-dire de la chaleur qu'ils dégagent) plus encore que de la chaleur qui leur est
fournie par une source étrangère; mais présente-
ment mieux vaut multiplier les expériences; quand
l'expérimentation aura été longtemps poursuivie,
quand les résultats seront aussi nombreux que possible alors seulement on pourra avec utilité aborder
la question au point de vue thermique, et édifier une
théorie réelle des actions photochimiques.

Mon premier travail m'a valu l'honneur d'être
critiqué par H. Vogel (1). Si parmi les remarques
du savant professeur il en est quelques-unes
auxquelles je ne puis répondre, j'en trouve d'autres
qui ne me semblent point tout à fait fondées. Je me
crois donc obligé d'exposer les unes et les autres.

Je ne puis en effet expliquer, en généralisant mes
résultats, ni certains faits constatés avec les sels
d'argent, ni la fonction des feuilles, ni les propriétés
toutes spéciales de la résine de Gayac.

Avec l'argent, même en l'absence de tout corps
carboné, on constate une action continuatrice dans
les rayons jaunes et rouges, et mes recherches n'é-
clairent nullement le mécanisme de cette action.

La fonction des feuilles est un phénomène complexe
que je ne dois pas songer à aborder actuellement,
mais les faits constatés par Timiriazeff (2) ne sont
point forcément incompatibles avec nos idées. Enfin
la résine de Gayac (que j'ai qualifiée de corps à

(1) Herman W. Vogel *Berichte der Deutschen Chemischen Gesellschaft.*
T. X. oct. 1877, p. 1638 à 1644. Chastaing's neue Theorie der Chemischen Wirkung des Lichts.
(2) Timiriazeff. *An de Ch. et de phy.* 5ᵉ série Nov. 1877.

propriétés toutes spéciales) est nettement en désaccord avec ce que j'ai généralement constaté. Peut-
être en trouvera-t-on la cause plus tard.

Ceci reconnu, je tenterai de répondre aux autres
objections. Je n'ai point suffisamment établi, d'après
Vogel, la constance de l'action réductrice des rayons
bleus et violets; je n'ai évidemment point cherché à
établir spécialement ce point sur lequel on est d'ac-
cord, mais j'ai cherché à montrer que quand avec des
corps non-carbonés il y avait oxydation dans ces
rayons la lumière produisait d'abord une réduction
et que l'oxydation était due à une action chimique
secondaire. Exemple : gaz sulfureux (1). Les hypochlorites me fourniront aussi la preuve que cette idée
est juste. J'ai plutôt visé à mettre en évidence les
propriétés oxydantes, ou propriétés inverses des
rayons rouge et jaune; propriétés déjà entrevues et
indiquées dubitativement par Hunt et Claudet.

Les sulfures en solution ne m'ont point manifesté
les propriétés réductrices ou désoxydantes des
rayons bleus et violets, comme le fait remarquer
Vogel (2); mais ceci tient aux propriétés fluorescentes de ces corps, propriétés dont on constate les
effets même en solution.

J'ai expliqué la formation de HCl sous l'influence
lumineuse en la considérant comme une hydrogé-
nation du chlore, c. à. d. comme l'analogue d'une
réduction (1). « Vogel ne croit pas qu'un chimiste

(1) *An. de Ch. et de phy.* 5ᵉ série. Juin 1877, p. 179.
(2) H. Vogel, *Ber. der Duct.* Ch. Gesel. T. X, p. 1641.
(1) *An. de ch. et de ph.* Loc. cit. p. 178.

s'attache à cette manière de voir dont les consé-
quences mettraient sur la tête toutes les choses con-
nues ; car si la combinaison du chlore avec l'hydrogène est une action réductrice, il faut aussi regar-
der la combinaison du chlore avec les métaux élec-
tro-positifs, l'argent par exemple, comme une action
réductrice ; d'autant plus que l'argent en couche
mince laisse passer les rayons bleus. Il faudrait, dit-
il, que Chastaing, d'après sa théorie, trouve une
réunion plus forte de chlore et d'argent (dans les
rayons violets), tandis que les faits indiquent que
dans ces rayons il se produit une séparation de
chlore et d'argent (1). »

A cette objection je répondrai que la fixation de
H sur Cl donne une molécule nouvelle (HCl) élec-
tro-positive comparée à celle qui préexistait (Cl ^{2}),
et que HCl étant formé la lumière est sans action
sur ce nouveau corps. Dans le cas d'un mélange
d'argent et de chlore libre, comme le fait remarquer Vogel, l'argent n'absorbant point les radiation
très-réfrangibles, le chlore les absorbant, ce dernier
corps devrait se transformer en un autre (Ag. Cl)
plus électro-positif que Cl; cette conséquence est lo-
gique. Mais supposons AgCl formé, il n'y a plus à
considérer l'action qu'exercerait la lumière sur de
l'argent et du chlore, ni les propriétés absorbantes de
ces deux éléments, mais bien celles du chlorure
d'argent. Or, les radiations sont absorbées par ce
corps puisqu'elles agissent sur lui ; elles sont absor-

(1) H. Vogel. *Loc. cit.* p. 1640.

bées très-approximativement dans un rapport qui est celui dans lequel elles existent dans la lumière blanche, puisque le chlorure d'argent est blanc. Elles séparent alors du chlore, et transforment AgCl en un nouveau corps plus électro-positif.

La lumière agit donc de la même façon en formant HCl, et en dissociant AgCl ; dans les deux cas elle donne un corps nouveau plus électro-positif que celui qui préexistait ; comme conséquence, ces deux actions, bien que dissemblables en apparence sont de même ordre. Il en est de même de la généralité des effets produits sur les corps non carbonés par les radiations très-réfrangibles : mais cet effet photochimique premier est parfois compliqué, comme je l'ai dit, d'une action chimique secondaire; et, de plus, il y a lieu, on le verra de considérer les conditions thermiques de la production des corps sur lesquels on opère.

Vogel admet que « dans l'état actuel de nos connaissances on ne peut parler en général de l'action des rayons lumineux, mais simplement de l'action que ces rayons exercent sur tels corps qui les absorbent(1) ». Il ajoute que j'ai admis cette transformation de force vive, ce qui est vrai, mais me reproche avec raison de n'avoir point donné l'absorption des corps que j'ai analysés; il y a là, en effet, une recherche très-intéressante à exécuter. Je ne l'ai cependant point faite, car je ne cherchais pas à déterminer l'action absolue des radiations, mais seulement

(1) H. Vogel. *Loc. cit.* p. 1641.

le rapport des actions, et comme en grand nombre les corps sur lesquels j'ai opéré, étaient à peu près in-colores, mes chiffres assignaient les rapports des actions absolues, ce qui, comme conséquence, me permettait de parler en général de l'action des rayons lumineux.

De même quand j'ai admis que pour les corps carbonés, il y avait généralement (et non toujours) oxydation, et que cette oxydation était maxima dans le violet, j'avais examiné des corps presqu'in-colores : là encore je pouvais donc déterminer l'action relative des radiations. En opérant ainsi « je suis resté, comme dit Vogel, fidèle au principe d'absorption » et le cas de l'iodure d'amidon qu'il présente comme en désaccord avec ma théorie y entre parfaitement. J'ai dit textuellement en parlant de cet iodure : « Il est facile de comprendre ce qui se passe en tenant compte de la couleur du corps ; les rayons les plus actifs le seraient ici comme dans les autres cas, mais ils sont diffusés par l'iodure d'amidon (la couleur du corps l'indique); n'étant point absorbés, ils ne peuvent agir. » (1) Plus loin citant Hunt et Herschel, Vogel dit les matières colorantes sont décolorées par les rayons complémentaires de leur couleur » et il ajoute : « de sorte que la preuve est apportée que les fortes actions chimiques oxydantes ne se font pas dans le violet » (2). Je partageais et je partage pleinement cette façon de voir, les plus fortes actions chimiques

(1) *An. de ch. et de ph.* Loc. cit. p. 207.
(2) H. Vogel. *Loc. cit.* p. 1643.

ne se font pas toujours dans le violet, car je n'ai pas dit que le maximum d'action serait toujours dans le violet ou le bleu, mais j'ai établi, ce qui est différent, que ces radiations possédaient en elles-mêmes une activité propre, activité plus grande que celle des autres radiations, activité qui ne trouve pas occasion de se manifester si le corps frappé est bleu ou violet.

Je n'hésite donc pas à affirmer que les radiations bleues et violettes possèdent le maximum d'activité et qu'on le constatera toutes les fois qu'on opérera avec des substances qui comme les miennes absorberont même fraction de toutes les radiations.

Vogel trouve que « d'après ma théorie il faudrait admettre que du papier coloré en bleu de cobalt agirait mieux sur une plaque photographique que du papier blanc ; dans ce sens que le premier contient moins de rayons oxydants, c'est-à-dire rouges et jaunes, et par conséquent qui gênent la réduction. L'expérience prouve au contraire qu'une image bleue de cobalt sur papier blanc agit moins que le blanc du papier. Ceci est encore plus manifeste avec la laque de garance qui réfléchit avec le bleu une très-notable quantité de rouge... etc... (1) » Les substances sur lesquelles on fait agir les radiations diffusées par ces différents corps sont des mélanges de sels et de produits carbonés, et j'ai fait remarquer que si la matière organique a une grande

(1) H. Vogel, *Loc. cit.* 1642.

tendance à s'oxyder dans le rouge et dans le jaune, elle y réduit le corps minéral. (1)

Pour expliquer qu'un maximum d'effet n'est point nécessairement placé dans le violet (car dans le cas du bleu et du violet de Méthylaniline et de l'Eosine le maximum d'action est là où la couleur du corps place les bandes d'absorption, c'est à-dire dans les régions du jaune, du vert et du rouge (2) il suffit de répéter ce que j'ai dit au sujet de l'iodure d'amidon et des substances végétales colorées. Du reste, les expériences de Vogel lui-même sur les plaques au bromure d'argent m'avaient fourni à l'appui de ces idées des exemples excellents, que j'ai cités dans mon premier mémoire (3).

L'action qu'exerce la lumière sur le ferricyanure de potassium (4) semblait ne pas se concilier avec ma théorie ; on verra plus loin à propos du ferrocyanure que l'interprétation que je donnais dans ce cas était la vraie.

Les conclusions de Vogel sont : « L'action oxydante ou réductrice des différentes sortes de rayons se montre comme indépendante de la couleur de ces rayons, elle dépend de la capacité absorbante des corps pour la lumière... (5) » En un mot, en photochimie il n'y aurait pas de règle, chaque corps présenterait un cas particulier.

Je ne crois pas qu'on doive accepter des conclu-

(1) An. de ch. et de ph. p. 200.
(2) H. Vogel. Loc. cit. p. 1643.
(3) Ann. Loc. cit. p. 200 et 201.
(4) Ann. Loc. cit. p. 203.
(5) H. Vogel. Loc. cit. p. 1644.

sions aussi absolues, car en tenant compte de la couleur des corps, des actions chimiques secondaires, de la présence ou de l'absence d'un corps carboné, on constate que pour la généralité des cas un rayon déterminé est doué de propriétés constantes.

Je crois donc devoir maintenir malgré les quelques cas que je ne puis expliquer l'ensemble de mes interprétations, sans cependant considérer mes recherches comme établissant déjà une théorie réelle de l'action chimique de la lumière ; mais quand la question aura été étudiée au point de vue thermique on verra s'élargir le cercle dans lequel j'ai tenu à rester enfermé jusqu'ici et alors seulement pourra se produire une théorie présentant quelque valeur.

Pour faire les recherches qui suivent, je me suis servi tantôt de verres colorés, tantôt d'écrans formés de solutions colorées qui laissaient passer certaines radiations. Mais il n'existe pas de verres donnant avec pureté toutes les radiations, et les solutions colorées les tamisent rarement au point de les donner absolument sans mélange ; ainsi les solutions saturées de bichromate de potasse laissent passer non-seulement du rouge et du jaune mais toujours un peu de vert. Enfin j'ai employé le spectre du platine incandescent, fourni par la lampe de MM. Bourbouze et Wiesnegg, alimentée par un courant de gaz et d'air sous faible pression. J'obtenais ainsi un spectre complet mais moins riche en radiations bleues et violettes que le spectre solaire. Il convient cependant de dire que malgré ces causes d'erreur les résultats n'en conservent pas moins de valeur, car ces imperfections atteignent la valeur absolue des chiffres sans être suffisantes pour changer le sens de sactions; or, j'ai montré dans mon premier mémoire l'inutilité, dans ce genre de recherches, de la détermination de valeurs absolues.

PREMIÈRE PARTIE

CHAPITRE PREMIER

ACTION DE LA LUMIÈRE SUR LES COMPOSÉS NON CARBONÉS

Les actions photochimiques les plus ordinaires ont indiqué la propriété réductrice des radiations bleues, violettes, et ultra-violettes; mes recherches personnelles ont établi le genre d'action des radiations vertes et ont montré de plus les propriétés inverses ou propriétés oxydantes des rayons jaunes et rouges; car, pour des corps qui s'oxydent spontanément, l'oxydation minima dans le violet est maxima dans le rouge, et donne dans l'obscurité un chiffre intermédiaire. J'indique aujourd'hui quelques nouveaux exemples destinés à montrer que ce mode d'action est constant.

J'avais étudié le sulfate ferreux et constaté qu'il se conduit nettement comme il vient d'être dit, aussi bien que le protoxyde de fer hydraté; mais l'action photochimique dans le cas du sulfate ferreux s'exerçant uniquement sur la base et non sur l'acide, on doit se demander si tous les sels de fer se conduisent de même. Afin de m'en rendre compte j'ai fait des recherches sur les solutions d'iodure et de chlorure ferreux. J'expose aussi les résultats trouvés avec des solutions de chlorure stanneux, de chlorure cuivreux, et avec les hypochlorites.

IODURE DE FER (solution de)

L'iodure de fer ne se conserve pas car il fixe, l'oxygène de l'air et au bout d'un temps variable avec la température et l'état hygrométrique, il ne contient plus de protosel. Cette substitution de l'oxygène à l'iode d'un iodure est d'ailleurs indiquée par les valeurs thermiques qui répondent à la fixadure de l'oxygène et de l'iode sur un métal en général, les déterminations qui ont été faites ayant montré qu'à la combinaison avec l'oxygène répond le plus grand dégagement de chaleur ; (1) mais évidemment le phénomène ne s'arrête point à cette simple substitution et il y a formation d'un persel.

J'ai essayé de déterminer l'action produite par les différentes radiations non sur le sel lui-même mais sur les solutions qui au bout de peu de temps contiennent de l'iode, du proto-iodure et du sesquioxyde de fer. Comme il est difficile de faire une

(1) Cette remarque ne s'applique point à l'argent et au mercure pour lesquels le maximum de chaleur dégagée répond au contraire à la combinaison de ces métaux avec l'iode.

analyse complète et exacte de ces liqueurs modi-
fiées, j'avais pensé à déterminer le moment où
l'une de ces solutions d'iodure ferreux cesserait de
contenir du protosel, en mélangeant une goutte de
ferricyanure de potassium exempt de ferrocyanure avec une goutte de la solution du sel de fer;
or, avec des liqueurs étendues on constate en effet
que la teinte bleue produite par le mélange dimi-
nue d'intensité, d'abord et surtout pour les solutions conservées dans le rouge; mais lorsqu'en
attendant davantage on approche de la limite où la
transformation devait être complète il devient impossible d'établir de différence entre les solutions
conservées dans l'obscurité ou dans telles ou telles
radiations : ce procédé ne peut donc donner aucun
résultat.

Je me suis alors contenté de doser l'iode libre
en employant l'hyposulfite de soude, et j'ai constaté que cette quantité d'iode dans l'obscurité et
dans le violet était peu différente, mais qu'elle était
maxima dans le rouge; aussi ai-je négligé les déterminations dans le violet.

En représentant l'iode devenu libre dans l'obscurité par 100, j'ai trouvé :

(1) Obscurité. 100 (2) Obscurité. 100 (3) Obscurité. 100
    Rouge.... 150   Rouge.... 160   Rouge.... 145

l'oxygène de l'air tend donc à séparer l'iode dans
toutes les conditions et à s'y substituer (c'est là
l'action chimique simple), mais comme les rayons
rouges ont un pouvoir oxydant propre il y aura plus

d'iode mis en liberté dans le rouge que dans les autres conditions ; le phénomène peut-être compliqué de réactions secondaires, mais, comme on le constate en effet, finalement c'est dans le rouge que l'iode deviendra libre en plus grande quantité.

Ce sel se conduit donc à peu de chose près comme le sulfate ferreux, nous allons examiner maintenant la solution de chlorure ferreux et voir s'il en est de même.

CHLORURE FERREUX (solution de)

Des essais faits sur des solutions de ce corps pendant l'été de 1876 ne me donnèrent aucun résultat, car les quantités de persel trouvées furent les mêmes dans toutes les conditions.

Du chlorure ferreux, exempt d'acide chlorydrique libre, préparé au commencement de novembre 1877, a été immédiatement dosé au permanganate de potasse :

$$10 \text{ cc. de cette solution} = 635 \text{ permanganate de potasse} \frac{N.}{10}$$

Exposée aux lumières blanche, violette et rouge, cette solution donnait, au 10 décembre, les chiffres suivants :

Lumière Blanche...	627	permanganate de potasse.
— Rouge....	628	—
— Violet	927	—
Obscurité.........	627	—

Au 24 décembre, je trouve :

Rouge.... 613 permanganate de potasse.
Violet.... 614   —
Obscurité. 614   —

L'action oxydante, maxima dans le rouge, minima dans le violet, n'est pas indiquée ici par les chiffres, mais en résulte-t-il que l'action photochimique soit nulle? Je n'ose trancher cette question d'une façon négative, car il se pourrait que les radiations du côté du violet tendissent à séparer une petite quantité de chlore, tandis que du côté du rouge elles tendraient à oxyder le fer, et les chiffres trouvés seraient les mêmes sous des influences inverses.

Si l'on rapproche ces deux sels, chlorure et iodure ferreux des chlorure et iodure d'argent, on constate, au point de vue de la stabilité, des différences remarquables. Ainsi, le chlorure d'argent est instable dans les radiations violettes et voisines, tandis que le chlorure ferreux est relativement très-stable; quant à l'iodure de fer, il n'est point étonnant qu'il se conduise autrement que l'iodure d'argent, car les conditions thermiques de la combinaison de l'argent avec l'iode et l'oxygène et du fer avec ces deux métalloïdes sont complètement inverses.

CHLORURE D'ÉTAIN (solution chlorhyd. de)

La solution chlorhydrique de chlorure stanneux se transformant en solution de chlorure stannique, sous l'influence de l'oxygène de l'air, j'ai cherché quelle action exerçaient les radiations sur cette transformation.

La méthode employée pour doser le mélange de proto et de perchlorure d'étain est celle de Lenssen (1).

La quantité de bichlorure d'étain formée étant, dans une certaine mesure, proportionnelle à l'étendue de la surface en contact avec l'air, les recherches suivantes furent exécutées à même température et sur des volumes égaux, présentant même surface à l'action de l'air.

Une solution, préparée le 22 novembre, contient, par 150 c. c., 1 gr. 40 de protochlorure d'étain.

Le 25 nov. 150 cc. conservés dans l'obscurité contiennent 1 gr. 10 de protochlorure d'étain.

    —   Le violet........... 1 gr. 18

    —   Le rouge............ 1 gr. 06

L'oxydation étant dans l'obscurité égale à.. 100

    Est dans le Violet......... 73.33

    Et dans le Rouge.......... 113.

6 nov. 50 cc. = 0 gr. 588 de protochlorure d'étain.

9 nov. 50 cc. conservés dans l'obscurité, = 0.450 proto. d'ét.

    —   Rouge ... = 0.428

    —   Violet ... = 0.486

L'oxydation dans l'obscurité étant. = 100

    Est dans le rouge ,... = 115

    Et dans le violet .... = 73.90

En faisant agir pendant dix heures le spectre du platine incandescent sur cette même solution du 9 novembre, j'ai trouvé les valeurs suivantes :

(1) Lenssen. *Ann. d. Chem. und. Pharm.* CXIV p. 113. Frésenine, 3ᵉ édit. franc. T. 2. p. 307.

$$\text{Obscurité,} = 0.430$$
$$\text{Rouge}\ldots, = 0.384$$
$$\text{Violet}\ldots = 0.472$$

L'oxydation dans l'obscurité, $= 100$
est dans le rouge,.. $= 129$
et dans le violet,.. $= 73.40$

Deux autres expériences m'ont donné les valeurs suivantes :

Obscurité, $= 100$	Obscurité, $= 100$
Rouge $\ldots = 112$	Rouge,$\ldots = 117$
Violet$\ldots, = 77$	Violet,$\ldots = 75$

De ces chiffres, il résulte que la formation du chlorure stannique semble due uniquement à un phénomène d'oxydation, et que la lumière n'agit pas sur le chlore du chlorure stanneux, car ce sel, sous l'influence lumineuse, ne se conduit pas comme le chlorure ferreux. Les différences entre les quantités de perchlorure formées dans le rouge et dans le violet sont assez grandes ; et il résulte de plus, de l'inspection des chiffres trouvés, que, si l'action chimique proprement dite est considérée comme égale à 1, l'action photochimique, réductrice du violet, aurait une valeur qui serait à peu près 1/4, et l'action oxydante du rouge un peu plus de 1/6.

CHLORURE CUIVREUX (solution chlorhyd. de)

La solution chlorhydrique de chlorure cuivreux se transforme en chlorure cuivrique, et les quantités de chlorure cuivrique formées sont différentes avec les radiations qui agissent sur la solution pendant cette action chimique. On peut déterminer la quantité de chlorure cuivrique formée soit directement en dosant ce chlorure cuivrique, soit indirectement en dosant ce qui reste de chlorure cuivreux.

J'ai dosé le chlorure cuivrique formé par la méthode de Fr. Weil (1), avec une solution de protochlorure d'étain. Il faut étudier cette transformation du chlorure cuivreux sur des volumes égaux, présentant même surface à l'air et à même température; car, à températures sensiblement inégales, la quantité maxima de chlorure cuivrique se forme où la température est la plus élevée.

(1). Le même volume d'une solution de chlorure de cuivre, au bout de quelques jours, au mois de décembre, contenait, pour le liquide conservé dans l'obscurité, o gr. 22 de chlorure cuivrique :

Dans le rouge. 0.28
Dans le violet. 0:20
L'oxydation étant dans l'obscurité.. 100
Est dans le violet.... 90.9
Et dans le rouge.... 127.

(2). Un autre dosage a donné :

Obscurité.. = 0.265 chlorure cuivrique
Violet..... = 0.220
Rouge..... = 0.290

(1) Weil. *Zeitsch. f. analyt. Chem.* LX. 297. Frésen. 3ᵉ éd. franç. T. 2, p 285.

L'oxydation étant dans l'obscurité égale à. 100
Est dans le violet.. = 83.
Et dans le rouge.. = 109.

(3). Une troisième solution, déposée dans le rouge et le violet, pendant des temps égaux, contenait dans le rouge o gr. 62 de chlorure cuivrique, et o gr. 48 dans le violet.

La seconde méthode, qui consiste à doser le sel cuivreux restant avec le permanganate de potasse, présente sur la première l'avantage de permettre de constater la fin de la réaction par l'apparition d'une coloration, signe toujours plus facile à saisir qu'une disparition de couleur, mais il vaut mieux opérer, dans ce cas, comme dans le premier, sur des solutions qui ne contiennent pas une grande quantité de sel de cuivre.

(4). 200 c. c. de solution de chlorure cuivreux contenaient, au moment de la préparation, 4 gr. 947 de chlorure cuivreux.

Exposés pendant vingt-quatre heures à l'action solaire (décembre), ces 200 c. c. de solution contenaient, dans le

Rouge. 1 gr. 207 de chlorure cuivreux + 5 gr. 06 chlorure cuivrique.
Violet. 1 gr. 705 — + 4 gr. 34 —
Obsc.. 1 gr. 384 — + 4 gr. 80 —

L'action chimique oxydante dans l'obscurité égalant 100, on a :

Obscurité. = 100
Rouge ... = 105.4
Violet ... = 90.4

D'autres expériences faites en janvier 1878 donnent avec des solutions moyennement concentrées :

(5) Obscurité, = 100
Rouge.... = 104
Violet.... = 93

(6) Obscurité. = 100
Rouge,... = 115
Violet.... = 85

Avec une solution étendue j'ai trouvé :

(7) Obscurité. 100
Rouge.... 107
Violet.... 79

Les différences entre les actions chimiques sont moins bien marquées qu'avec le chlorure Stanneux ; certaines de ces déterminations montrent que ces différences sont plus grandes en opérant avec des solutions très-étendues de chlorure cuivreux ; ce qui tient à ce que les solutions concentrée se colorant fortement au bout de peu de temps diffusent ensuite sans les utiliser une partie des radiations bleues et violettes dont l'action tendrait à diminuer l'oxydation.

Voilà pourquoi l'action des radiations bleues et violettes est moins marquée que celle des radiations rouges et voisines avec les solutions concentrées tandis qu'avec des solutions étendues (2) (7) c'est exactement l'inverse qui se passe. (1)

SULFURE DE CALCIUM (solution de)

Les sulfures de Calcium, en présence d'air absorbent peu à peu l'oxygène, comme le font les solu-

(1) Ces résultats applicables au chlorure cuivreux à l'état dissout, ne le sont pas nécessairement à ce sel à l'état solide.

tion d'hydrogène sulfuré, de sulfure de sodium, de polysulfure de potassium etc... Aux remarques déjà faites au sujet de ces derniers corps, il convient d'ajouter les suivantes :

1° Quand on dose une solution de sulfure de calcium exposée aux différentes radiations, pendant un temps relativement court, le maximum d'oxydation se trouve indistinctement dans l'une ou dans l'autre des conditions lumineuses, mais les différences entre les actions produites sont faibles. En un mot l'action photochimique semble n'être pas encore établie d'une façon régulière.

2° En attendant davantage on trouve toujours que la destruction est maxima dans le rouge, minima dans le violet, mais la valeur trouvée avec cette radiation diffère souvent peu de celle trouvée dans l'obscurité ; les résultats que j'ai donnés pour l'hydrogène sulfuré, le sulfure de sodium et le polysulfure de potassium se rapportent à cette phase de l'oxydation.

Différentes solutions de sulfure de calcium, dosées dans les mêmes conditions, m'ont donné les valeurs suivantes, l'oxydation étant représentée par 100 dans l'obscurité ;

(1) Obscurité. 100	(2) Obscurité. 100
Violet.... 99.5	Violet.... 98
Rouge.... 106.5	Rouge.... 111
(2) Obscurité. 100	(4) Obscurité. 100
Violet.... 98	Violet.... 97
Rouge.... 112	Rouge.... 113.5

3° Enfin, lorsqu'on tarde plus longtemps il arrive

un moment ou toutes les solutions dosées avec l'iode accusent le même chiffre ; or, à ce moment il n'existe plus dans les solutions que de l'hyposulfite. Cette transformation totale du sulfure en hyposulfite doit évidemment, d'après les chiffres donnés plus haut, être atteinte plus tôt dans le rouge que dans les autres conditions ; mais à partir de ce moment où tout le sulfure est transformé en hyposulfite dans le rouge, comme une modification (s'il y en a une) de cet hyposulfite se produit beaucoup plus lentement que l'oxydation du sulfure, le sulfure qui existe encore dans le violet et dans l'obscurité a le temps de se transformer totalement en hyposulfite avant que l'hyposulfite déjà formé dans le rouge soit modifié, et comme conséquence il arrive qu'on trouve dans toutes les conditions même quantité d'hyposulfite.

Il y a donc lieu de chercher ce que devient ce dernier corps ; quelle action les radiations exercent sur les hyposulfites en général et en particulier sur l'hyposulfite de soude si fréquemment employé en analyse volumétrique ; j'espère étudier bientôt ce point qui présente une certaine importance pratique.

SULFURE DE BARYUM (solution de)

Les solutions de sulfure de baryum se comportent comme les solutions du sulfure de calcium.

CAS DE DÉSACCORD APPARENT

Dans mon premier travail j'ai indiqué certaines actions chimiques déterminées par la lumière et qui semblent en désaccord avec les généralisations que j'ai admises. J'ai indiqué pourquoi la formation de l'acide chlorhydrique par le chlore et l'hydrogène pouvait être considéré comme une réduction du chlore et par conséquent comme l'analogue d'une désoxydation; j'ai donné une explication de la transformation de l'acide sulfureux anhydre en acide sulfurique et soufre sous l'influence de la radiation violette, en considérant la production de l'acide sulfurique anhydre comme due non à l'action photochimique mais à une action chimique secondaire complétement indépendante de l'action lumineuse; j'ai trouvé une démonstration de cette explication dans l'étude de l'altération éprouvée par le proto-iodure de mercure (1).

Aujourd'hui dans les altérations éprouvées par les hypochlorites je rencontre une nouvelle preuve à l'appui de cette interprétation; car dans ce cas l'action chimique des radiations visibles les plus réfrangibles s'exerce d'abord et sépare de l'oxygène; puis l'action secondaire se produit, et l'oxygène qui sort de la combinaison dissociée se fixe sur l'hypochlorite non décomposé pour donner un corps plus stable qui résiste à l'action photochimique. A la suite de

(1) *An. de ch. et de ph.* Loc. cit. p. 178 à 181

ces recherchessur les hypochlorites je diraiquelques mots sur la dissociation de l'acide iodhydrique, ce corps se conduisant d'une façon tout à fait spéciale.

HYPOCHLORITES

On sait que lorsque la lumière blanche agit sur une solution d'hypochlorite, il y a formation de chlorite, et que l'action produite par la lumière est la même que celle que produirait la chaleur. Ce fait a été signalé d'abord par MM. Fordos et Gélis, dans le cours de leurs belles recherches sur les acides du soufre. Ces chimistes n'ont point cherché quelles étaient les radiations qui agissaient, et pour eux cette formation de chlorite répondait à un transport de l'oxygène d'une partie de l'hypochlorite décomposé sur de l'hypochlorite non décomposé. Ils n'ont point cherché à démontrer ce fait, mais on verra qu'il en est réellement ainsi.

Les expériences suivantes ont été faites du mois d'août 1877 au mois de mars 1878, c'est-à-dire à une époque où l'action photochimique était faible, excepté au mois d'août ; cependant, il y avait non-seulement avantage, mais nécessité à opérer en ce moment, car si d'un côté en hiver l'action photochimique est de beaucoup affaiblie, de l'autre la la chaleur est éliminée et les résultats trouvés sont imputables aux radiations seules.

A cette première remarque il faut en ajouter une

autre : Riche (1) et Kolbe constatèrent que le chlorure de chaux exposé au soleil dégage de l'oxygène ; en même temps il y a formation de chlorite et de chlorate. Le chlorure étant sec il suffit d'une température de 40° pour produire cette transformation, tandis qu'en solution il faut une température plus élevée; quant au dégagement d'oxygène, on ne le constate qu'avec des solutions concentrées.

En opérant sur des solutions étendues je me suis donc mis dans les conditions voulues pour avoir des pertes d'oxygène très-faibles.

HYPOCHLORITE DE CHAUX

Les dosages ont été faits par le procédé de Gay-Lussac, le procédé Wagner, et l'arsenite de potasse.

Procédé Gay-Lussac. Le procédé Gay-Lussac n'est pas applicable au dosage des solutions d'hypochlorite quand ces solutions sont restées quelques temps exposées à la lumière, car les chlorites formés décolorent l'indigo alors même que l'acide arsénieux n'est pas peroxydé. En insolant des solutions de chlorure de chaux dans différentes radiations, la solution qui après action contenait le plus de chlorite devait donner le chiffre le plus fort avec le procédé Gay-Lussac, mais le chiffre obtenu alors ne donne aucun renseignement sur la quantité réelle de chlore à l'état d'hypochlorite, il permet seulement de juger que le chlorite s'est formé surtout dans

______

(1) Riche *Comp. Rend.* T LXV p. 580.

telle ou telle condition. Quand la quantité de chlorite formée est notable on trouve un chiffre de chlore actif infiniment grand.

Les solutions chlorométriques marquant des degrés différents, je supposerai toujours, ce qui est plus commode pour les comparaisons des résultats, que la solution d'hypochlorite marquait 100 au moment où elle a été préparée, et j'aurai ainsi directement le chiffre répondant en centièmes à la transformation produite dans les différentes conditions.

Le 19 août une solution à 100 marquait après une heure d'insolation :

Dans le jaune rouge. = 102	Une autre jaune rouge. = 101
Dans le bleu violet. = 137	Une autre bleu violet. = 142

Le 20 août une solution marquant 100 donne à la fin de la journée, après avoir été exposée à une vive lumière diffuse, les chiffres suivants :

Jaune 100
Bleu violet 111
Lumière blanche.. 150

Une autre solution a donné
Jaune........... 102
Bleu violet...... 130
Lumière blanche. 155

Cette dernière solution toujours conservée à la lumière diffuse accusait le 25 août :

Dans le jaune.. 103
Dans le violet.. 170

La formation du chlorite est donc déterminée par les radiations violettes et voisines, mais d'après

mes recherches antérieures ces radiations étant incapables de déterminer une oxydation, le chlorite
formé ne peut provenir que d'une partie de l'hypochlorite décomposé. La méthode de Gay-Lussac
n'indiquant rien à ce sujet, j'ai placé, le 20 août,
dans un tube une solution étendue d'hypochlorite
et déposé ce tube sur le mercure : en le recouvrant
avec un second tube plus large j'ai un volume d'air
déterminé dans un espace suffisamment clos ; je
note la température et la pression et je laisse le
système exposé à la lumière blanche dont la somme
d'action agit dans le même sens que le violet ; quatre
jours plus tard il ne s'était produit aucune variation
de volume. Le chlorite qui s'était formé est donc dû
à une action chimique secondaire, c'est-à-dire que
l'oxygène qui l'a formé a été pris dans l'intérieur de
la masse, et que l'action photochimique vraie est
comme conséquence la décomposition de l'acide
hypochloreux.

D'autres moyens peuvent mener à la même conclusion. En prenant des solutions d'hypochlorites et
en les enfermant dans des vases tout à fait pleins
et par conséquent exempts d'air ; en laissant pendant le même temps des solutions au même titre en
présence d'air, on constate après les avoir insolées
que les chiffres trouvés sont les mêmes ou ne diffèrent que dans les limites des erreurs d'analyses.

Le 29 août un hypochlorite marquant 100, après
une journée d'insolation donne les chiffres suivants :

Dans la lumière blanche ⎰ En présence d'air. 120
⎱ A l'abri de l'air... 119

Jaune............................... 101
Bleu violet 116

Le 30 août dans la lumière blanche { En présence de l'air. 153 / A l'abri de l'air.... 153

Jaune....... 101
Bleu violet.. 116

Le 9 septembre le chiffre avait plus que triplé dans le violet. De ces chiffres il résulte que l'air n'entre pour rien dans la modification du titre chlorométrique sous l'influence lumineuse, et que le chlorite se forme dans le bleu violet ; les petites quantités de chlorite formées dans le rouge ou le jaune sont dues à l'élévation de la température.

Méthode de R. Wagner. (1) On ajoute à la solution d'hypochlorite, de l'iodure de potassium. puis de l'acide chlorhydrique pour acidifier légèrement et on dose l'iode devenu libre avec l'hyposulfite. Cette méthode simple en apparence n'est point à conseiller pour doser le chlore d'un hypochlorite insolé ou modifié par suite d'un échauffement qui se produit parfois spontanément, car les chiffres obtenus ne sont point concordants et la méthode mérite les reproches qui lui ont été faits par Mohr. (2)

La cause des différences notables constatées dans les résultats obtenus est due, selon moi, à la presence des chlorites et non des chlorates, car les chlorates ne sont décomposés que très-lentement par l'acide chlorhydrique étendu même en présence d'hypochlorite ; les chlorites au contraire sont partiel-

(1) R. Wagner. *Diugl. polyt. Jour.* CLIV. 146.
(2) Mohr, *traité des liqu. titrées* Deux éd. franç. trad. Forthomme, p. 292.

lement décomposés à froid par l'acide chlorhydrique
étendu, mais cette décomposition n'est pas instan-
tanée car la proportion de chlorite décomposée
croît lorsqu'on attend quelques minutes. Les chiffres donnés par cette méthode si l'on a pris soin
d'employer dans des dosages comparatifs la même
quantité d'acide chlorhydrique et d'opérer dans des
conditions identiques permettent donc simplement
de trouver des valeurs relatives, mais ce procédé à
l'inverse de celui de Gay-Lussac donne des chiffres
de plus en plus faibles. Bien qu'elle ne soit pas plus
propre que celui-ci à donner le chiffre vrai du
chlore de l'hypochlorite, cette méthode a l'avantage
de permettre de vérifier s'il y a réellement fixation
de l'oxygène de l'hypochlorite décomposé sur le sel
non décomposé ; en effet, quand le titre s'est modifié, en même temps qu'il s'est formé des chlorites
la quantité de chlorure a augmentée, mais en trai-
tant la solution par l'acide chlorhydrique concentré
et bouillant et en recevant le chlore qui se dégage
dans une solution d'iodure de potassium, on doit
trouver un titre chlorométrique égal à celui que
présentait la solution d'hypochlorite au moment
de sa préparation ; or, s'il y avait perte d'oxygène,
le chiffre de chlore actif serait plus faible, et s'il y
avait eu de l'oxygène fixé le chiffre trouvé serait
plus fort.

Les dosages faits par cette méthode ont donné les
chiffres suivants :

(1) 20 août. Une solution chlorure de chaux marque, 100
      Après ébullition avec HCl............ 101

21 août. Après insolation titre...... $=$ 80
Après ébullition avec HCl.. $=$ 99.5

Il y a donc eu une perte d'oxygène.

(2) 22 août. Titre de la solution............... 100
Exposé à la radiation diffuse jusqu'au. 25 août.
Le titre de cette solution devient..... 85

(3) 29 août. Titre de la solution.. 100

Exposée à la radiation diffuse, la solution donne { En présence d'air.. 96 / A l'abri de l'air.... 96

Dans le jaune... 98.5
Dans le violet... 96.5

30 août. A la lumière blanche, on trouve { En présence d'air. 88 / A l'abri de l'air.. 88.5

Dans le violet. 88.7

Chauffé avec HCl bouillant ces solutions dégagent une quantité de chlore dont le titre varie entre 99 et 99,6.

(4) 31 août. Titre de la solution...... 100
Après l'ébullition avec H Cl. 101
1er septembre. A la lumière blanche diffuse. 90

9 septembre. A la lumière blanche { En présence d'air. 74 / A l'abri de l'air.. 74.5

10 septembre. A la lumière blanche { En présence d'air. 73 / A l'abri de l'air.. 64

15 sep. Ces solutions chauffées avec H Cl bouillant donnent. 99

Des chiffres trouvés par les deux méthodes résulte ce qui suit : les radiations violettes et voisines produisent la transformation de l'hypochlorite en chlorite, et le chlorite aussi bien que le chlorate, quand il s'en produit, sont formés par la fixation de l'oxygène de l'hypochlorite décomposé sur l'hypochlorite non décomposé.

Ces deux méthodes bien qu'impropres à faire un dosage d'hypochlorite modifié ont cependant suffi pour établir le mécanisme de l'action produite par la lumière.

Je vais étudier maintenant l'action exercée sur les hypochlorites de soude et de potasse, et sur les chlorites de ces mêmes bases ; j'arriverai ensuite au seul vrai procédé de dosage d'un hypochlorite insolé ; enfin, pour terminer, je chercherai si l'action chimique produite par la lumière tend ou non vers une limite déterminée.

HYPOCHLORITE DE SOUDE

J'ai fait les mêmes recherches avec l'hypochlorite de soude en solution.

Méthode de Gay-Lussac. (1) 5 sept. Titre de la solution. $=$ 100

5 septembre. Cette solution { En présence d'air. $=$ 100
conservé dans le jaune { A l'abri de l'air... $=$ 102

Dans le violet.................... $=$ 127

7 sept. Même solution dans le jaune { En présence d'air. $=$ 102
{ A l'abri de l'air .. $=$ 102

Dans le violet.................... $=$ 156

(2) 4 octobre. Titre de la solution.. $=$ 100

8 octobre. Elle marque dans le jaune.. 100

Dans le violet. 128

(3) 20 octobre. Titre de la solution.. $=$ 100

24 octobre. Elle marque dans le jaune.. 100

Dans le violet. 126

Méthode de Wagner. (1) 3 sept. Titre de la solution. $=$ 100

Cette solution à différentes époques et dans différentes conditions donnait les chiffres suivants :

		5 sept.	7 sept.	11 sept.	13 sept.
Dans le jaune	En présence d'air.	= 99.5	= 98	= 97.5	= 97
	A l'abri de l'air..	= 100	= 98	= 97.5	= 97
Dans le violet.............		= 93	= 77	= 62	= 33.3

L'ébullition avec H Cl régénère une quantité de chlore actif égale à 99.

(2) 27 septembre. Titre de la solution.. = 100

	18 Oct.	25 Oct.
Ce titre devient dans la lumière blanche..	= 75	= 62
Violette..	= 77	= 65
Jaune....	= 99	= 98
Dans l'obscurité.	= 99	= 98

L'ébullition avec H Cl donne 99.

L'hypochlorite de soude se conduit donc sous l'influence lumineuse comme l'hypochlorite de chaux, mais la stabilité de ce dernier sel semble moindre.

HYPOCHLORITE DE POTASSE

Les résultats trouvés pour les solutions d'hypochlorite de potasse étant les mêmes que ceux donnés par les solutions de chlorure de chaux et de soude, je me contenterai d'énoncer le fait.

CHLORITE DE SOUDE

Des solutions de chlorite de soude furent préparées en recevant du gaz chloreux dans une solution de soude.

Quand on ajoute à cette solution de l'iodure de

potassium et de l'acide chlorhydrique pour acidifier nettement, de l'iode devient libre immédiatement, mais la quantité de chlorite décomposée est beaucoup plus grande si l'on attend quelques instants avant de faire le dosage avec l'hyposulfite; en attendant suffisamment, la totalité du chlorite est décomposée; on peut donc doser les chlorites par ce moyen. Quant aux chlorates beaucoup plus stables, j'ai constaté qu'ils ne sont décomposés que partiellement dans ces conditions. Il est donc possible de suivre par ce moyen les modifications d'une solution de chlorite de soude et de constater la transformation en chlorate, si elle se produit. Mais cette transformation est en réalité très-faible; je dois même ajouter qu'un chlorite semble former plus difficilement un chlorate qu'un hypochlorite, ce qui tient probablement à ce que dans le cas de l'hypochlorite, il y a un phénomène d'entraînement. Mais soupçonnant que la faiblesse de l'action chimique était due à la grande stabilité du chlorite de soude, ce sel demandant pour se décomposer une température de 250°; j'ai fait d'autres essais sur le chlorite de potasse, sel bien moins stable, puisqu'à la température de l'ébullition il se dédouble en un mélange de chlorate et de chlorure.

CHLORITE DE POTASSE

Les solutions de ce sel insolées à basse température, 10° à 12°, se transformèrent lentement en chlorate; cet effet bien que très-lent à produire est obtenu bien plus rapidement que dans le cas du chlorite de soude; les radiations qui agissent sont encore les radiations violettes et voisines.

Cette modification éprouvée par un chlorite s'explique en admettant que la lumière qui frappe soit un hypochlorite, soit un mélange d'hypochlorite et de chlorite, agit d'abord sur le corps le plus instable c'est-à-dire sur l'hypochlorite, mais lorsque tout l'hypochlorite sera détruit, alors seulement l'action lumineuse dissociante s'exercera sur une partie du chlorite pour former du chlorate.

Je n'ai point cherché si la transformation du chlorite en chlorate pouvait être totale.

Quelques recherches entreprises sur des solutions de gaz chloreux ne m'ont pas donné de résultats assez positifs pour que je puisse les produire.

DOSAGE DES HYPOCHLORITES PAR LA SOLUTION ALCALINE D'ARSÉNITE DE POTASSE

De tout ce qui précède, il résulte évidemment que le procédé de Gay-Lussac, aussi bien que celui de Wagner ne sauraient servir à faire un dosage d'hypochlorite; mais les chlorites et les chlorates sont absolument sans action sur l'arsénite de potasse en solution alcaline et ce corps étant oxydé uniquement par les hypochlorites donnera le chiffre du chlore des hypochlorites seuls. En un mot, le seul bon procédé est le procédé Penot (1). Je ne l'ai point employé tel qu'il a été indiqué par Penot; j'ai trouvé beaucoup plus commode et aussi exact d'employer dans ces dosages un excès d'arsénite, que l'on mesure ensuite par l'iode, en prenant soin d'ajouter avant de verser l'iode un excès de carbonate d'ammoniaque (2).

Cette méthode a indiqué que la destruction des hypochlorites est maxima dans le violet et les radiations voisines; elle est à peu près nulle dans le rouge en opérant en hiver, ou plus exactement elle est dans cette radiation ce qu'elle est dans l'obscurité.

LA TRANSFORMATION DES HYPOCHLORITES TEND-ELLE VERS UNE LIMITE ?

Cette altération des hypochlorites étant expliquée, restait un point à déterminer : la décomposition des hypochlorites tend-elle vers une limite, ou la transformation est-elle totale ?

J'ai constaté que dans la lumière violette et dans la lumière blanche diffuse la décomposition de l'hypochlorite pouvait être complète, mais le temps nécessaire pour effectuer ce travail est variable avec la saison. Ainsi avec des solutions de chlorure de soude à 200° chlorométriques, à une température de 10° environ, avec la quantité de lumière qu'on a en moyenne au mois de janvier, il faudrait à peu

(1) Penot. *Bulletin de la société indust.* de Mulhouse 1852, n° 118.
(2) Mohr, *liq. titrée* Trad. Forthomme p. 350.

près six mois, tandis qu'aux mois de février et de mars où la température est un peu plus élevée et l'action solaire plus intense, il suffit de deux mois (1).

Enfin j'ai considéré l'action des radiations jaunes et rouges comme nulle et comme égale à celle de l'obscurité, mais les hypochlorites se détruisent même dans l'obscurité ; la température étant basse le temps nécessaire pour que la transformation soit totale sera long ; j'ai constaté qu'à une température moyenne de 12° la transformation si elle était proportionnelle au temps demanderait pour être totale environ trois ans.

Dans ce dernier cas, la transformation bien plus lente qu'à la lumière, semble être accompagnée d'une perte d'oxygène plus notable que lorsqu'elle s'opère rapidement et à basse température, dans la lumière blanche ou dans les radiations bleues ou violettes.

HYPOBROMITE DE SOUDE

Les solutions des hypobromites ressemblant beaucoup à celle des hypochlorites, j'ai cherché si l'action photochimique exercée sur ces corps était la même ; j'ai examiné seulement l'hypobromite de soude.

La question est évidemment différente, car on ne connaît pas les bromites ; le procédé de Wagner ne peut-être employé car les bromates sont décomposés

(1) En été il faudrait un temps beaucoup plus court.

bien plus facilement que les chlorates. On pourrait subtituer l'acide bromhydrique à l'acide chlorhydrique, mais si d'un côté un bromate en présence de l'acide bromhydrique étendu ne dégage l'icde de l'iodure de potassium qu'au bout d'un certain temps, de l'autre dans ces conditions, la décomposition de l'acide bromique se produit immédiatement en présence de l'hypobromite. Mais avec l'arsénite de potasse, on est à l'abri de ces causes d'erreur et j'ai constaté que la destruction de l'hypobromite se fait surtout dans le violet comme celle des hypochlorites; les radiations rouges sont sans action sensible. Enfin, la lumière agit moins que sur les solutions d'hypochlorites, fait qui ne semble pas dépourvu d'intérêt, si on rapproche les deux espèces de sels; vers 100° en effet les hypochlorites se transforment en chlorates très-rapidement, tandis que les hypobromites en présence d'un excès d'alcali résistent beaucoup plus longtemps (1). Néanmoins la destruction des hypobromites peut être complète, absolument comme celle des hypochlorites et finalement, avec l'arsénite de potasse, on ne retouve plus trace d'hypobromite dans les liqueurs. Cependant il faut remarquer que les dernières traces d'hypobromites résistent beaucoup plus à la transformation que les dernières traces d'hypochlorites.

Au point de vue pratique, l'hypobromite de soude ayant été indiqué par M. Yvon pour doser

(1) Berthelot. *An. de ch. et de phy.* 5ᵉ série, janv. 1887. T. XIII, p. 21.

l'urée, cette altération présente un certain inconvé-
nient, car on peut être tenté de croire qu'à partir
du moment où la solution particllement décolorée
prend une teinte moins jaune et un peu verdâtre, il
suffit d'employer une plus grande quantité de réactif pour déterminer la décomposition complète de
l'urée. Le fait est exact, la décomposition de l'urée
se fera complétement en employant plus de liqueur;
mais le volume d'azote trouvé sera alors trop petit,
ce qui doit tenir à la solubilité de l'azote dans le
réactif. Il serait intéressant de déterminer ce coeffi-
cient, mais tant que les chiffres manquent pour établir la correction, il vaut mieux se résigner à employer une liqueur qui ne soit pas préparée depuis
trop longtemps.

L'étude de l'action photochimique exercée sur
les hypochlorites, chlorites et hypobromites con-
firme donc ce que j'ai avancé en admettant que les
radiations bleues et violettes exerçent sur les corps
métalloïdiques et métalliques une action réductrice,
car le composé plus oxydé qui se forme parfois est
dû non à l'action photochimique, qui a produit une
réduction, mais à une action chimique secondaire.

ACIDE IODHYDRIQUE

L'étude de l'action exercée par la lumière sur
l'acide iodhydrique gazeux donne des résultats en
désaccord avec ce que j'ai trouvé pour les corps
sur lesquels j'ai opéré.

M. Lemoine étudiant la dissociation de l'acide iodhydrique (1) a constaté que l'acide iodhydrique gazeux était décomposé sous l'influence lumineuse plus facilement que par une température de 440° ; les rayons bleus produisent la dissociation, et la décomposition en iode et en hydrogène est complète en attendant suffisamment.

Il a constaté de plus que la solution d'acide iodhydrique est indécomposable par la lumière.

Des considérations thermiques peuvent rendre compte de cette différence qui, au premier abord, doit sembler singulière; elles peuvent expliquer, jusqu'à un certain point, les différences d'action exercées par la lumière sur l'acide iodhydrique d'un côté, et sur le mélange de chlore et d'hydrogène de l'autre. En effet, en remarquant que d'après les mesures thermiques qu'on a lieu de supposer les plus précises, la formation de H I, en partant de H et de I gazeux, répond à une absorption de 800 petites calories, tandis que la dilution de H I dans l'eau répond, au contraire, à un dégagement de chaleur, on trouve qu'il y a, entre H Cl gazeux et H I gazeux, une différence capitale, et il n'est pas étonnant que H I se conduise sous l'influence lumineuse autrement que H Cl qui, non-seulement n'est pas dissocié, mais se forme dans le rayon bleu et violet. (2) De même, comme H Br

____

(1) G. Lemoine. *An. de ch. et de phy.* 5e série. T. XII, octob. 1877.
(2) M. Berthelot (*Revue scient.* n° 43, 27 avril-78. *Thermochimie et Mécanique chimique* p. 1017) dit en parlant de la chaleur de formation de H I, « Il est probable qu'elle est réellement négative. » C'est ce que

gazeux répond à un dégagement de chaleur, il est probable, *à priori*, qu'il résiste à l'action dissociante de la lumière bleu. Or, lorsque j'ai admis que les composés hydrogénés se forment de préférence dans les rayons les plus réfrangibles (H Cl), quand j'ai admis que c'était dans cette région que les composés hydrogènés se conservaient le mieux (H S) je n'ai examiné que des corps dont la formation répond à un dégagement de chaleur, et il est probable que le fait reste vrai toutes les fois qu'il en est ainsi. L'acide iodhydrique gazeux est bien dissocié, mais sa solution aqueuse est absolument inaltérable ; une fois dissout, cet acide se conduit comme les corps que j'ai étudiés ; c'est que la solution, véritable action chimique, l'a transformé en un composé nouveau formé avec dégagement de chaleur et semblable aux corps qui ont servi de base à mes généralisations.

Cet exemple prouve l'importance, en photochimie, des actions thermiques ; mais, comme je l'ai dit au commencement de ce travail, l'étude de la question n'est peut-être pas encore assez avancée pour y introduire avec avantage cet élément capital ; les valeurs thermiques déterminées par M. Berthelot devront donc me servir plus tard de point de départ pour une nouvelle série de recherches.

semble prouver l'observation de M. Lemoine dans H I gazeux. « Or ce genre de réaction na pas lieu en général pour les corps formés avec dégagement de chaleur ; dans les cas connus où la lumière produit une action chimique sur de tels composés, il tend en général à se produire un certain état d'équilibre entre cette action et les affinités chimiques ; de façon à ce que la réaction ne se produit pas d'une manière complète.

CHAPITRE II

ACTION DE LA LUMIÈRE SUR LES COMPOSÉS CARBONÉS

L'étude de l'action exercée par la lumière sur les composés carbonés a fait voir qu'elle produisait parfois des changements moléculaires, et j'ai été conduit à constater et à admettre que, le plus souvent, les substances s'oxydaient avec ou sans production d'acide carbonique. En employant des corps carbonés différents, il fut constaté que cette oxydation, minima dans l'obscurité, est maxima dans le violet. En règle générale, l'oxydation étant 1 dans l'obscurité, est environ 2 dans le rouge et le jaune, 3 et plus dans le violet (1), quand les corps en expérience absorbent ces radiations.

J'indique aujourd'hui trois nouveaux exemples de l'action chimique exercée par la lumière sur les composés carbonés.

(1) Chastaing. *An. de ch. et de phy.* 5ᵉ sér. juin 1877. p. 182 à p. 196.

FERROCYANURE DE POTASSIUM

En analysant les transformations produites par la lumière, dans une solution de ferricyanure de potassium (1), j'ai trouvé la même quantité de ferrocyanure formée dans toutes les radiations. Mais ce que j'avais constaté avec les sels métalliques me conduisait à admettre (si j'en rapprochais ce corps), qu'il devait en être autrement, c'est-à-dire qu'il devait se former plus de ferrocyanure dans le violet que dans les autres conditions ; j'ai cherché quelle pouvait être la cause de cette discordance, et j'ai admis que le ferrocyanure se formait surtout dans le violet pour y être ensuite détruit par oxydation ; l'acide ferrocyanhydrique devait donc se conduire comme les corps organiques. Les chiffres que j'ai donnés n'étaient qu'une démonstration indirecte de cette interprétation ; mais depuis, en examinant l'action exercée par les différentes radiations sur la solution de ferrocyanure, j'ai trouvé la preuve que cette explication répond réellement au fait, car les solutions de ferrocyanure se conservent très-bien dans l'obscurité ; le bleu de Prusse, produit par l'oxydation de l'acide ferrocyanhydrique, ne se forme qu'en très-petite quantité dans le rouge, facilement et abondamment dans le bleu-violet. (2)

L'acide ferrocyanhydrique, dans le ferrocyanure

(1) *An. de phy et de ch.* juin 1877, p. 203.
(2) 7 (Fe² Cy⁶) H⁴ + O⁴ = 24 Cy H + 2 H² O² + 2 Fe⁷ Cy⁹.

de potassium se conduit donc comme les corps carbonés en général.

ACIDE ‘CYANHYDRIQUE (solution d’)

On possède sur l'altération de l'acide cyanhydrique, sous l'influence lumineuse, les recherches de Millon (1), celles de MM. Bussy et Buignet (2), celles de M. Gautier (3), et enfin les résultats de M. Petit (4). Ces dernières recherches ont eu pour but d'établir les meilleures conditions de conservation des solutions d'acide cyanhydrique; mais on n'a point déterminé quelles étaient les radiations qui amenaient l'abaissement du titre.

MM. Bussy et Buignet ont constaté que l'acide de Gea Pessina s'altérait bien moins facilement que l'acide de Gay-Lussac, et que l'altération produite ou préparée par l'action lumineuse se continue dans l'obscurité.

La différence de stabilité des deux acides tient à ce que les procédés de préparation fournissent des produits de composition différente. Il suffit pour le constater de conserver un certain temps de l'acide de Gea Pessina; à la lumière les flacons qui le contiennent deviennent bleuâtres, souvent même on y trouve un abondant précipité bleu Je viens d'indiquer

(1) Millon. *Comptes rendus* 1861.
(2) Bussy et Buignet *Journ. de ch. et de pharmacie* 1863.
(3) Gautier. *An. de ch. et de phys.* 1866.
(4) A. Petit. *Bullet. de thérapeut. med. et chirur.* 1873.

les conditions photochimiques de la formation de ce précipité bleu à propos des ferri et ferrocyanure de potassium. L'acide préparé avec le ferrocyanure de potassium contient donc de l'acide ferrocyanhydrique entraîné pendant la préparation, et c'est probablement cet acide qui lui donnerait de la stabilité et qui certainement lui communique la propriété de se colorer en bleu.

J'ai préparé des solutions de CyH à différents titres par le procédé Pessina, mais les conditions de la préparation n'ayant point permis l'entraînement de l'acide ferrocyanhydrique (car je n'ai constaté aucune coloration bleuâtre) je me suis trouvé avoir opéré sur un acide plutôt semblable à celui de Gay Lussac.

Les dosages ont été faits tantôt par le procédé Fordos, tantôt par le procédé Liebig. — La comparaison des changements de titre n'est possible qu'à la condition de conserver les solutions cyanhydriques dans des tubes scellés. — Les tubes n'étant point complétement remplis les rapports entre les volumes de liquide et les espaces vides doivent être les mêmes.

1. Solution de Cy H préparée le 10 novembre et contenant 9,415 o/o d'acide réel.

Conservée jusqu'en janvier dans différentes conditions cette solution donne les chiffres suivants.

Solution dans l'obscurité................	8.208 %
» dans le rouge et le jaune........	8.100
» dans le bleu violet............	7.894
» dans la lumière blanche........	7.760

Les solutions sont colorées surtout dans le bleu-violet et dans la lumière blanche.

L'altération produite dans l'obscurité est ou spontanée ou due à une continuation de l'action commencée par la lumière pendant la préparation. L'action produite par la lumière blanche pendant ce temps est donc la différence entre le chiffre de l'obs-curité et celui de la lumière blanche : soit 8,208—7,776 = 0,432. L'action des radiations bleues et violettes est 8,208--7,894=0,304.

L'action des radiations, jaune et rouge est 8,208—8,100=0,108.

Toutes les radiations agissent donc sur l'acide cyanhydrique en solution; de plus la somme des deux actions produites dans le bleu violet et dans le jaune rouge était à peu près égale à celle qui répond à la lumière blanche il en résulte que toutes les radiations agissent dans le même sens pour abaisser le titre des solutions cyanhydriques.

2. Solution préparée le 12 novembre. — Titre 13 o/o.

Le 28 novembre coloration faible dans la lumière blanche et dans les radiations bleues et violettes.

<pre>
Lumière blanche....... 11.104 %
    —   Bleu violette.. 11.174
    —   Jaune rouge... 12. 48
</pre>

26 Janvier. Coloration très-nette dans toutes les conditions.

<pre>
Lumière blanche....... 9.15 %
    —   Bleu violette . 9.50
    —   Jaune rouge. . 10.45
</pre>

L'acide conservé dans l'obscurité marque 12 o/o

3. Solution faible préparée le 12 décembre — Titre 2, 18 o/o,

Cette solution contient le 10 janvier :

Dans l'obscurité.. 2,08 %   Le 10 février. Obscurité.. = 2.04
    Bleu violet.. 1,80   Bleu violet, = 1,40
    Jaune rouge, 1.89   Jaune rouge, = 1.70

Mais avec une solution aussi étendue la coloration n'est pas sensible,

4. Solution préparée le 12 février. Titre 4.50 %

Cette solution contient le 5 mars, dans l'obscurité.. 4,02 %
    Bleu violet.. 3.25
    Jaune rouge, 3.95
Le 2 avril. Obscurité.,., 3,97 %
    Bleu violet.. 2.75
    Jaune rouge, 3.70

Ces chiffres diffèrent peu les uns des autres excepté ceux des expériences n° 2 et n° 4 ; en été il est probable que les différences seraient très-grande. Néanmoins on doit remarquer que les expériences concordent entre-elles pour indiquer un minimum de destruction dans l'obscurité et un maximum très-net dans le violet. (1)

CHLOROFORME

Le chloroforme pur n'est pas modifié par la lumière, mais parfois les chloroformes du commerce

(1) La coloration est bien plus sensible et l'abaissement du titre plus marqué en présence d'une certaine quantité d'air, bien qu'il n'y ait pas d'oxygène fixé en quantité appréciable.

produisent des vapeurs jaunâtres et dégagent une forte odeur chlorée. M. Personne a indiqué la cause de ce phénomène. Cette altération ne se produit que lorsque du chloral a été laissé, en petite quantité dans le chloroforme, lors de la préparation.

Pour savoir quelle est la part de chaque radiation dans cette action chimique j'ai fait des mélanges de chloroforme et de chloral, et comme les solutions qui contiennent de très-petites quantités de chloral sont celles qui ressemblent le mieux aux chloroformes altérables, j'ai exposé à la lumière diffuse dans des tubes scellés du chloroforme chloralé de $\frac{1}{200}$ à $\frac{1}{600}$.

J'ai eu les résultats suivants : en hiver, dans l'obscurité et à la radiation rouge diffuse, même en plusieurs mois aucune altération ne s'est produite, mais dans les tubes exposés aux radiations bleues et violettes il s'est formé un cercle jaunâtre très-marqué à la limite du liquide.

Le chloroforme contenant de l'hydrate de chloral est encore plus altérable, car tandis qu'avec du chloral anhydre les radiations rouges sont sans effet, avec l'hydrate elles déterminent la décomposition. Un chloroforme impur aura donc une stabilité moindresi on le reçoit dans un flacon imparfaitement sec. Dans l'obscurité il ne se produit rien.

CHAPITRE III

MÉLANGE DE CORPS CARBONÉS ET MINÉRAUX

On a nommé effets superposés ceux que la lumière exerce sur un mélange de corps métalliques et carbonés, et presque toutes les réactions utilisées en photographie répondent à ce qu'on a ainsi qualifié. Vogel a fourni d'excellents exemples et moi-même en appliquant ce que j'ai trouvé d'un côté pour les corps métalliques, de l'autre pour les corps carbonnés j'ai montré que l'effet produit concorde avec ce qu'indique la superposition de mes deux courbes, mais toujours (et j'en ai donné la raison) l'action chimique est beaucoup plus active. J'ai étudié quelques exemples avec lesquels on pouvait suivre les réactions produites et en particulier l'action exercée sur un mélange d'éther et de perchlorure de fer, cas tout à fait analogue à celui de la teinture de Bestucheff dont on peut le rapprocher (1) J'ajouterai ici quelques mots à propos de

(1) *An. de ch. et de phy. loc. cit.* p. 199 à 209.

l'action du chlore sur les composés carbonés.

Action du chlore sur les corps carbonés. Le chlore agit sur les substances carbonées de trois façons; en se combinant directement avec elles; en se substituant à leur hydrogène, et enfin en les oxydant. Ces trois modes d'action sont ordinairement facilités par la lumière, souvent même elle est nécessaire pour que la réaction se produise.

Dans le cas où le chlore se combine directement avec un carbure non saturé, il y a là un fait semblable à la fixation de l'oxygène sous l'influence lumineuse. Dans le cas où le chlore se fixe par substitution, il est évident que la fixation du chlore est postérieure à la séparation de l'hydrogène et à la formation de HCl; ici le corps carboné sur lequel on agit est saturé aussi l'action photochimique ne peut-elle s'exercer sur lui, mais elle se produit alors sur le chlore qui sépare H de la molécule organique; quand à la substitution de Cl à H c'est un fait indépendant de l'action photochimique, il en est simplement la conséquence.

Enfin sous l'influence simultanée du chlore, de la lumière et de l'humidité, le gaz des marais se décompose pour donner de l'acide carbonique ou de l'oxyde de carbone et de l'HCl : l'action première déterminée par la lumière semble être ici la formation de l'acide chlorhydrique; la fixation de l'oxygène de l'eau sur le carbone est le fait secondaire, fait qui au point de vue de l'équilibre est la conséquence de l'action photochimique.

DEUXIÈME PARTIE

ACTION CHIMIQUE ACCOMPAGNANT LES PHÉNOMÈNES
DE FLUORESCENCE

Des recherches ont été déjà faites dans le but de
savoir si les substances fluorescentes qui restituent,
avec une plus grande longueur d'onde, certains
rayons qui les frappent, les restituaient intégralement. De mon côté j'ai constaté (1), que le sulfate de quinine en solution acide est transformé
en sulfate de quinicine précisément par les rayons
qui en déterminent la fluorescence ; la chaleur tant
qu'on ne s'élève pas au-dessus de 60° n'est pour
rien dans la transformation ; les radiations très-réfrangibles agissent seules. Le curcuma s'oxyde dans
ces mêmes radiations. Ces résultats bien que très-
nets sont encore incomplets car je ne saurais dire
actuellement si dans ces solutions le sulfate de quinine se transforme totalement en sulfate de quinine.
En effet une solution acide de sulfate de quinine qui

(1) *An. de ch. et de phy.* juin 1877. p. 209 et suivantes.

le 6 juin 1876 contenait par 20 c. c. o gr. 362 de sel desséché à l'étuve à eau; qui le 14 juillet de la même année, après action de la lumière directe, contenait o gr. 270, renfermait au mois d'août 1877 par 20 c.c. o gr. 250.

Il faut dire que pendant cette longue et dernière période, la solution n'a reçu que la lumière diffuse mais en tous cas la transformation a été si faible qu'on peut se demander s'il y a là une limite qui répondrait à la production de un tiers de sulfate de quinicine; limite analogue à celle indiquée par M. Berthelot dans le cas de l'éthérification? J'espère pouvoir répondre bientôt à cette question. Cependant même dans le cas où je constaterais l'existence de cette limite, elle pourrait être fonction de la quantité d'acide qui a servi à dissoudre le sel, et de la dilution de la liqueur; lesrecherches seront donc faites en faisant varier toutes ces conditions.

J'ai cité ce fait, non comme un résultat absolu, mais comme une remarque propre à faire ressortir la nécessité d'expériences complémentaires.

Je vais exposer un autre exemple de l'action chimique produite sur une nouvelle substance par les rayons qui la rendent fluorescente.

ERGOTININE (de Tanret)

M. Tanret qui a retiré de l'ergot de seigle une substance qu'il a nommé ergotinine (1), a

(1) L'ergotinine est un alcaloïde contenant 9 o/o d'azote Voir Tannet *Comp. rendus de l'Ac. des sciences,* 8 avril 1878.

constaté que ce corps insoluble dans l'eau, soluble dans l'alcool, l'éther, le chloroforme, s'altère très-rapidement sous l'influence lumineuse. Il a remarqué que les solutions alcooliques sont fluorescentes (cette fluorescence rappelle faiblement celle du sulfate de quinine), qu'elles se colorent très-rapidement sous l'influence de la lumière comme la substance elle-même et que cette coloration est accompagnée d'une oxydation.

Il a vu, de plus, qu'une solution alcoolique devenait orangée; une solution éthérée, orangée puis rouge; la solution acide devient rouge; la solution alcaline verte.

Grâce à l'obligeance de M. Tanret qui m'a gracieusement remis des échantillons de ce produit, il m'a été possible d'étudier la part de chaque radiation, ou au moins des radiations extrèmes, dans l'action chimique qu'il a constatée.

De l'ergotinine a donc été conservée sous un verre rouge monochromatique : l'ergotinine solide ne s'est point colorée; une solution alcoolique faite au mois de septembre n'a pris une teinte jaune faible qu'à la fin de novembre.

Sous des écrans qui laissent arriver les radiations bleues et violettes, l'ergotinine se colore, aussi bien cristallisée qu'en solution; en 24 heures à la lumière diffuse les solutions alcooliques prennent une teinte jaune qui se modifie peu à peu et qui en attendant assez longtemps devient tout à fait verte; de plus, il se dépose une petite quantité d'un produit vert bleuâtre insoluble. Comme la coloration s'accompagne d'une oxydation, il en résulte que l'oxydation est faible dans le rouge, tandis qu'elle est très-active dans la région violette.

Restait à analyser la fluorescence de ces solutions ; c'est ce que j'ai fait en appliquant la méthode de Stokes ; mais comme l'effet produit est faible il est difficile de déterminer exactement les radiations transformées et rendues : cependant on peut constater la transformation des rayons bleus et violets en radiations vertes.

Quand, par suite de l'oxydation, les solutions alcooliques sont devenues vertes, examinées au spectroscope elles ne présentent point de bandes du rouge au vert, mais la presque totalité du bleu et du violet est interceptée.

Ce sont donc ici encore, comme dans le cas de la solution de sulfate de quinine, les radiations qu'on supposait restituées intégralement qui produisent une action chimique.

TROISIÈME PARTIE

APPLICATION PHARMACEUTIQUE

Depuis longtemps on a compris combien au point de vue pharmaceutique, il étaitimportant de tenir compte de l'action lumineuse. Beaucoup de substances en effet se conservent bien dans l'obscurité, tandis qu'elles s'altèrent rapidement à la lumière ; aussi a-t-on conseillé de les placer dans un endroit peu éclairé ou même dans l'obscurité : cette dernière solution, la plus simple de toutes, n'étant cependant point applicable, d'une façon absolue, il fallut faire choix d'enveloppes d'une couleur spéciale, et on employa d'abord les flacons bleus.

Il faut remarquer qu'il est impossible ou au moins très-difficile de se procurer de vrais verres bleus, car ils laissent généralement passer un peu de rouge et de jaune, et beaucoup de bleu, d'indigo et de violet; ils augmentent ainsi proportionnellement la quantité de rayons bleus et violets qui tombent sur un corps, mais ils ne donnent point cette lumière pure. L'action photochimique exercée sous ces enveloppes sera néanmoins, en règle générale, approximativement la même que celle des rayons bleus et violets.

Peu à peu, les connaissances devenant plus précises, on remarqua que la partie la plus réfrangible du spectre était la partie la plus active. La conclusion à tirer était claire, et on abandonna les verres bleus.

Les radiations rouges et jaunes étant considérées comme chimiquement inactives, on s'arrêta au choix du verre jaune. Ces flacons, suffisamment teintés, laissent passer uniquement du rouge, du jaune et un peu de vert. On aurait pu prendre aussi bien les flacons rouges, mais on a craint, avec ces derniers, les variations trop brusques de température. Or, avec un abaissement de température rapide, l'air contenu dans le flacon peut. dans certaines circonstances, se trouver plus facilement saturé, d'où résulterait un dépôt d'humidité qui amènerait ensuite l'altération de la substance.

De l'ensemble de mes recherches, il résulte que cette partie du spectre, pour être douée de propriétés chimiques moins actives que la région des rayons très-réfrangibles, exerce cependant une action.

Du résumé général des conclusions de mon premier travail (1), conclusions confirmées par les nouveaux exemples que j'indique dans celui-ci, il résulte que, pour les corps non carbonés, du côté du violet existe une force désoxydante ou hydrogénante (2) ; du côté du rouge, une force oxydante. Il n'y a donc pas, à proprement parler, de flacons à choisir pour les substances minérales ; un oxyde

(1) *An. de ch. et de phy.* p. 221.
(2) HI gazeux fait exception.

réductible, l'oxyde jaune de mercure se conservera indéfiniment dans un flacon rouge, un hypochlo rite se conservera bien dans le rouge et le jaune, tandis qu'une solution d'hydrogène sulfuré en présence d'air, se détruira plus rapidement dans ces mêmes radiations, et qu'un sel ferreux s'y oxydera plus vite que dans l'obscurité. Mais ces derniers corps se conserveront mieux dans le violet (2).

Une régle absolue ne saurait donc être posée, et ces exemples montrent que, si généralement les flacons jaunes ont leur raison d'emploi, les bleus, employés autrefois, sont bons dans certains cas.

Tel est le résultat auquel j'arrive, pour les produits minéraux; en est-il de même pour les corps carbonés? Pour ces substances, l'altération étant le plus souvent 1 dans l'obscurité, 2 dans le rouge et jaune, 3 et plus dans le violet (quand ces radiations sont absorbées), la conservation se fera surtout dans l'obscurité, mais les enveloppes jaunes seront en règle générale les moins mauvaises. Les actions produites sur l'essence de térébenthine, l'essence de citron, l'aldéhyde, l'essence d'amandes amères, l'essence de cannelle, le phénol impur, l'éther ordinaire, les huiles, le ferri et le ferrocyanure de potassium, la solution d'acide cyanhydrique, le chloroforme chloralé en sont la preuve.

Des considérations théoriques permettent même, en ne tenant aucun compte de l'activité propre à chaque radiation, de poser des règles générales. Il suffit d'admettre que toute action photochimique répond à une transformation de force vive, et cette transformation n'est possible que s'il y a absorp-

(2) *An. de ch. et de phy.* p. 170 à 174.

tion ; de cette simple considération découle immédiatement, comme conséquence, le fait constaté par Herschel, en étudiant l'action de la lumière sur les couleurs végétales : « Une substance organique est altérée par les rayons de couleur complémentaire à la sienne » car, en effet, ces rayons sont absorbés. Si, au contraire, on éclaire une substance avec un rayon ou un ensemble de rayons semblables à ceux diffusés par elle, ces rayons, quelle que soit leur intensité, n'étant point absorbés, l'action photochimique serait nulle, c'est-à-dire égale à l'action chimique qui pourrait se produire dans l'obscurité à la même température. Le meilleur moyen de conserver les substances organiques consisterait donc à les placer dans l'obscurité, ou ce qui revient au même dans des flacons de la couleur de la substance ; mais, je le répète, c'est là une conclusion purement théorique et très-difficilement réalisable.

Comme conséquence pratique de mes recherches, je ne crains donc pas de proposer d'employer pour les corps minéraux des flacons tantôt jaunes ou rouges, tantôt violets, selon la nature des corps ; les produits peroxydés se conserveront bien dans le jaune et le rouge, et les produits qui ont tendance à s'oxyder se conserveront mieux dans le violet. Pour les produits carbonés, on les placera, s'il est possible dans l'obscurité ou dans des flacons jaunes.

Resterait maintenant à faire une série d'expériences avec des substances pharmaceutiques : teintures, vins, poudres, etc... Tel était mon désir ; mais ces recherches exigent un temps tellement long, que je me vois forcé de présenter ce travail, bien qu'il soit incomplet ; j'ai cependant l'espoir qu'il me sera possible, non-seulement de continuer des recherches purement théoriques sur ce sujet, mais de déterminer les altérations d'un certain nombre de substances pharmaceutiques dans les différentes conditions lumineuses.

Parmi les corps non carbonés, on devra placer de préférence :

Dans des flacons violets.
Les solutions d'hydrogène sulfuré.
— de sulfures.
— d'arsénites alcalins.
— de proto-iodure de fer.
— de sulfate ferreux.

Dans des flacons jaunes.
Bichromate de potasse.
Acide azotique.
— chromique.
Minium.
Iodure mercureux.
Hypochlorites.
Oxyde de mercure.
Permanganate de potasse.

Parmi les corps carbonés, on placera dans des flacons jaunes les suivants :

Plantes en général et leurs poudres.
Alcaloïdes.
Teintures.
Teinture de Bestucheff.
Eaux distillées.
— de cannelle.
— d'amandes amères.
— de laurier-cerises.
Huiles.
Gayac (bois et résine).

Solution d'acide Cyanhydrique.
Acide phénique.

Ferro et ferricyanure de potassium.
Ether.
Chloroforme.
Essence de térébenthine.
— de citron.
Essences.

TABLE

PREMIÈRE PARTIE

CHAPITRE PREMIER

CHAPITRE II

CHAPITRE III

DEUXIÈME PARTIE

TROISIÈME PARTIE

Paris. — Imp. Gauthier-Villars, 55, quai des Grands-Augustins.

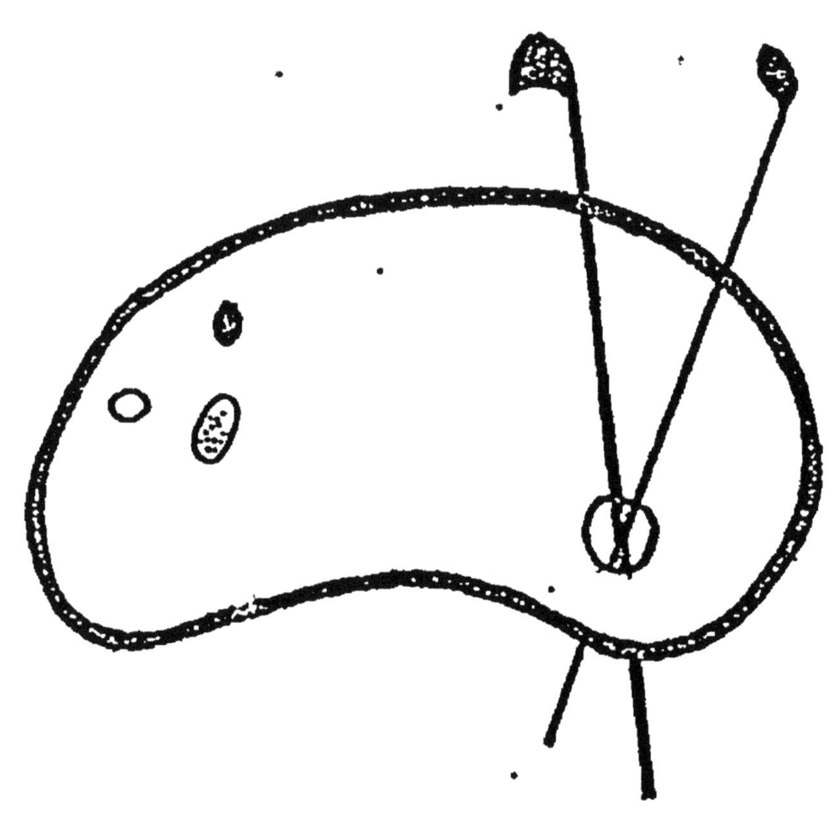

ORIGINAL EN COULEUR
NF Z 43-120-8